Muruganandam M

Produção de biomassa de Lemna minor (erva-dos-patos)

Muruganandam M

Produção de biomassa de Lemna minor (erva-dos-patos)

ScienciaScripts

Cover image: www.ingimage.com

This book is a translation from the original published under ISBN 978-613-9-93994-7.

Publisher:
Sciencia Scripts
is a trademark of
Dodo Books Indian Ocean Ltd. and OmniScriptum S.R.L publishing group

120 High Road, East Finchley, London, N2 9ED, United Kingdom
Str. Armeneasca 28/1, office 1, Chisinau MD-2012, Republic of Moldova, Europe
Managing Directors: Ieva Konstantinova, Victoria Ursu
info@omniscriptum.com

Printed at: see last page
ISBN: 978-620-8-52979-6

Prefácio

A erva-de-pato *Lemna minor* é uma planta daninha de água doce presente na maior parte dos lugares do mundo. Na estação das chuvas está presente sobretudo em lagos e lagoas. Multiplica-se muito rapidamente devido à presença de matérias orgânicas. É normalmente utilizada como alimento suplementar para animais domésticos. Reduz o custo da alimentação e aumenta a situação financeira da população rural. No presente estudo, foi estudado o efeito de vários resíduos biológicos na produção de biomassa de lentilha d'água. Também foi estudada a aceitação de rações em pellets à base de lentilha d'água para animais domésticos. Na última experiência, foi estudada a atividade antibacteriana para confirmar os compostos bioactivos presentes na lentilha d'água.

M.Muruganandam.

Conteúdo

Erva-dos-patos *Lemna minor*

A erva-dos-patos *Lemna minor* é uma planta aquática flutuante de água doce com uma, duas, três ou quatro folhas, cada uma com uma única raiz suspensa na água. Lemna minor é uma espécie de planta aquática de água doce da *subfamília Lamnidae* da família das arumas *Araceae. L.minor* é utilizada como forragem para animais, bioremediação para recuperação de nutrientes de águas residuais e outras aplicações. *A Lemna minor* está presente em todos os locais onde existam lagos de água doce e cursos de água lentos, exceto nos climas ártico e subártico. Para condições óptimas de crescimento, são necessários valores de pH entre 6,5 e 8. *A L. minor* pode crescer a temperaturas entre 6 e 33 °C. As colónias de crescimento são rápidas e as plantas formam um tapete que cobre os charcos quando as condições são adequadas. Nas regiões temperadas, quando as temperaturas descem abaixo dos 6 a 7°C, pequenos órgãos densos e cheios de amido, chamados "turiões". A planta torna-se dormente e afunda-se no solo para hibernar. Na primavera seguinte, recomeçam a crescer e voltam a flutuar à superfície. (wekipedia.com)

A análise nutricional mostrou que *a Lemna minor* continha proteína bruta 16-45%, gordura 4,4-4,0%, ácido p-cumárico 0,015%, fibra 8-10%, cinzas 4-5% e carotenóides. O teor total de iodo como iões iodeto foi de 0,0294+0,001% e o teor de flavonóides como iuteolina-7-glucósido foi de 0,38+0,01%. Estudos de espetrografia de emissão atómica mostraram que a erva daninha comum dos patos continha 14 elementos. Cálcio 4990 mg/100g, silício 2495 mg/100g, sódio 1870mg/100g, magnésio 155mg/100g, ferro 934mg/100g, fósforo 15mg/100g, alumínio 0,93/100g, manganês 935/100g, níquel

0,93mg/100g, cobre 0,78mg/100g, chumbo

0,03mg/100g, molibdénio 0,02mg/100g e zinco

0,01mg/100g. A erva do pato foi uma fonte rica de aminoácidos essenciais (39,20%), não essenciais (53,64%) e não proteicos (7,13). Entre os aminoácidos essenciais, a leucina, a isoleucina e a valina constituíam 48,67% dos ácidos glutâmicos e 25,87 do total de aminoácidos não essenciais, tendo sido registados na erva-de-pato a citrulina, a hidroxiprolina, a taurina, a histidina, a leucina, a lisina, a metionina e o triptofano. No entanto, a proteína Lemna minor caracteriza-se por um elevado teor de aluminas e globulinas relativamente baixas; o peso molecular das fracções proteicas foi estimado em mais de 176.000 e menos de 14.000.

O conteúdo de aminoácidos na proteína de Lemna minor foi de ácidos aspártico 9,89, treonina 5,08, serina 4,05, prolina 4,88, ácido glutâmico 5,89, leucina 10,27, tirosina 2,76, fenilalanina 6,28, lisina 6,20, histidina 2,32 e triptofano 0,85 da proteína total. A composição de ácidos gordos foi por PUFA 60-63% do total de ácidos gordos, em grande parte ácidos linoleicos 41 a 47% e ácidos linoleicos 17-18%, o conteúdo total de ácidos gordos foi 10,6+0,8 e o triacilglicerol total foi 0,03+0.01% do peso seco três ácidos gordos ácido palmítico linoleico e linoleico compreendiam mais de 80% do total de ácidos gordos da erva daninha do pato **(**Yan *et.*al2013**)** No entanto, Politaeva mencionou que a fração lipídica da biomassa da erva daninha do pato consistia em ácidos insaturados (76,7% em massa) predominantemente oleínicos e linoleicos. Os principais ácidos gordos saturados (23,3%) eram o palmítico e o estearínico (Ali Esmail Al- snafi 2019**).**

As substâncias lipofílicas isoladas da erva-dos-patos foram o hexano, o trans-2-heptenal, o ácido carbónico, o etil-hetanote, o nonanal, o 2-6-metil-ciclo-hexanol, o mentol, o pirrol, o 2-5 diona, o internaltandard, o tetradecano,pentadecano, dihidroctini didiolida, heptadecano, etilpentadecanoato, , heneicosano, fitol, tricosano, pentacosano, heptacosano, campeterol, estigmasterol, y-sitoterol, espinasterona e sitosterona. A análise composição e estrutura da parede celular da erva-de-pato revelou que era composta por hidratos de carbono 51,2% (w/w) e amido 19,9% da matéria seca. Era rica em celulose e também contém 20,3% de xiloglucano e xileno e 0,03% de fenólicos **(**Ali Esmail Al-snafi 2019**).** A planta inteira foi utilizada como antipruriginosa, antiescorbútica, antringente, diurética depurativa, febrífuga e soporífica. Era também utilizada no tratamento de constipações, edema do sarampo e dificuldade em urinar. Além disso, era utilizada no tratamento de vitiligo, inflamação podal e do trato respiratório superior e no tratamento de reumatismo e doenças hepáticas. Como aplicação externa, as formulações de erva-de-pato eram utilizadas no tratamento de abcessos, feridas crónicas e furúnculos. Era utilizada internamente em combinação com outras ervas medicinais para tratar inflamações do trato respiratório superior e como remédio anti-inflamatório e purificador do sangue para doenças reumáticas crónicas. Tais como a artrite reumatoide e a osteoartrite. Na China, a erva era utilizada internamente para regular a temperatura do corpo, reduzir a febre alta e o edema, e externamente era aplicada como remédio para várias doenças de pele, como erupções cutâneas, eczema, sarampo e picadas de insectos (Herbal-supplement resources.com).

Atividade antibacteriana

O efeito antibacteriano do extrato de metanol das folhas de *Lemnaminor* foi estudado contra Bacillus Subtilis (NCIM-2063), Micrococcus lutes (NCIM- 2103), Shigella flexneri (NCIM-2012),Bacillus magisterium (NCIM-2256) e *Salmonella typhi* (NCIM-2501) O extrato metabólico de Lemnaminor leves deve boa atividade antibacteriana contra *Shigella flexineri*,enquanto que possuía uma atividade moderada contra *Bacillus subtilis*, *Pseudomonas aeruginosa* e *Micrococcus luteus*, enquanto que *Escherichia coli, Staphylococcus aureus* e *Salmonella typhi* apresentaram uma resposta fraca.O valor mínimo de CIM para extractos de metanol de folhas de *Lemna minor* é (12,40,60,90&170 Mg/ml respetivamente) contra *Shigella flexneri, Bacillus Subtilis, mocrococcus luteus, Pseudomonas aeruginosa*

&Staphylococcus aureus. As actividades antimicrobianas do extrato de água liofilizada e do extrato de etanol da lentilha d'água foram estudadas contra *Staphylococcus ermidus, Staphylococcus saprophytic ,miocrococcus luteus ,Bacillus cereus, Bacillus subtilis e streptococcus pneumonia* e também estudadas quanto ao efeito anticardia contra candida parapsilosis & A maioria das espécies bacterianas e de candida gram-positivas e gram-negativas foram inibidas por ambos os extractos.

O efeito antibacteriano do extrato de metanol de *Lemna minor* foi estudado contra *Aeromonads hydrophila, Pseudomonas putida, vibrio cholera* Bengal, *Vibriochloera EI-TOR, Vibrio cholera non, Vibrio alginolyticus, Staphylococcus aureus, Streptococcus agalactiae* (isolados de humanos e peixes), *Citrobacter freundii e Escherichia coli, vibrio cholera e S. agalactia (humanos).agalactia* (humano).

11 bactérias testadas , eram não susceptíveis a a

A inibição do crescimento bacteriano ocorreu na concentração de 1,8-2,o mg/ml para todas as bactérias testadas.

A atividade antimicrobiana dos extractos de *Lemna minor* foi analisada contra *E. coli* e *Staphylococcus aureus.* O extrato de Lemna minor foi ativo contra *Staphylococcus aureus* com uma zona de inibição média de 25 mm. A atividade antimicrobiana do extrato aquoso de *Lemna minor* inteira foi estudada contra quatro isolados bacterianos (*Pseudomonas fluorescens, Salmonella typhi, E. coli, & Bacillus subtilis)* e uma estirpe fúngica Lemna minor mostrou uma inibição máxima contra bactérias gram positivas e gram negativas e fungos a uma concentração mais elevada em comparação com o controlo.

A ação antioxidante e antirradicalar do extrato aquoso liofilizado e do extrato etanólico de erva-de-pato foi estudada utilizando diferentes modelos in vitro. Na concentração de 45mg/ml, o extrato aquoso liofilizado e o extrato etanólico apresentaram uma inibição de 100% e 94,2%, respetivamente, da peroxidação lipídica da emulsão de ácido linoleico. Por outro lado, o BHA, o BHT, o tocoferol e o tholos demonstraram uma inibição de 92,2%, 99,6%, 84,6% e 95.6%, respetivamente, na peroxidação da emulsão de ácido linoleico à mesma concentração. A atividade de eliminação de H_2O_2, a atividade de quelação de iões ferrosos e a eliminação de superóxido para o extrato de água e etanol foram 92,3+ 2,8 e 85,7+1,1, 63,0+6,9 e 61,o+6,0 e 23,o+2,4

respetivamente. O ensaio de letalidade de artémia (BSLA) foi utilizado para determinar a toxicidade do extrato de metanol de Lemnaminor. Os extractos metabólicos da erva de pato mostraram atividade citotóxica para a artémia. As concentrações letais do extrato da planta que resultaram numa mortalidade de 50% da artémia foram

140,64mg/ml **(**Hamdenet *al* 2015**)**. O efeito da pectina apiogalacturonâmica de *Lemna minor* (1-2 mg por ratinho) foi estudado na resposta inflamatória à ovalbumina e demonstrou resultar numa sensibilização que aumentou a inflamação. Verificou-se que a ovalbumina misturada com a pectina apiogalacturonâmica de *Lemna minor* aumentava duas vezes o edema da almofada alimentar em comparação com os ratos que receberam apenas ovalbumina. O efeito de doses variáveis de flavonóides (1-30mg/; 50ml) extraídos da planta inteira de *Lemna minor* (erva daninha de pato) no sangue total humano infetado por vírus contra a ovalbumina (OVA).

O resultado mostrou que os flavonóides em doses mais elevadas mostraram um efeito imunossupressor que diminuiu o conteúdo de hemoglobina livre de proliferação no plasma sanguíneo e a produção de anticorpos. A atividade imunomoduladora do extrato aquoso de Lemna minor inteira foi estudada contra a ovalbumina, que foi utilizada como antigénio de revestimento para estimar a produção de anticorpos contra doses variáveis de extrato aquoso de Lemna minor, para determinar a sua atividade imunológica. O extrato aquoso em doses elevadas mostrou aumento da produção de contra a ovalbumina (Mane *et* al2017). Como decocção, a dose diária habitual é de 3,10 g de erva para uso interno, como pó 1,2 g por dia para uso interno e externo, tanto quanto necessário. Recurso herbal (fontes suplementadas com). A erva-de-pato foi considerada uma erva segura e foram registados efeitos secundários graves quando foi utilizada em doses terapêuticas. Se a erva-dos-patos fosse utilizada para consumo humano, dever-se-ia notar que a erva continha quantidades relativamente elevadas de oxalato de cálcio, uma substância que pode contribuir para a formação de cálculos renais. A erva-de-pato pode também acumular toxinas da água, pelo que não deve ser colhida numa água altamente contaminada.

Alimentos para animais Alimentos para peixes

A alimentação suplementar tradicional para o Murrel consome intestino de galinha, farinha de peixe, resíduos de carne de vaca, etc. (Josemon *et al* 1994**).** Que são demasiado caros para os criadores?

Assim, foi feita uma tentativa de explorar a erva aquática *Lemna minor* como alimento suplementar para esta espécie. O Murrel listrado, *channa striatus*, é um teleósteo carnívoro de água doce que se encontra amplamente distribuído na Ásia e em África. As espécies de Channa podem desenvolver-se tanto em sistemas lênticos como lóticos e também em águas pouco profundas infestadas de ervas daninhas e com falta de oxigénio. Uma experiência de alimentação de 60 dias em condições laboratoriais determinou a adequação da *Lemna minor* como ingrediente alimentar para a Channa striatus. Foram preparadas cinco dietas formuladas utilizando farinha de peixe, ervas aquáticas, pré-mistura e celulose microcristalina como aglutinante. As dietas foram preparadas em peletes (peletes semi-húmidos) e dadas a alevins em estado avançado de desenvolvimento a 10% do peso corporal total. Verificou-se que a taxa de crescimento específico (SGR) e a percentagem de ganho de peso eram ligeiramente superiores com a dieta que continha 50% de alimentos aquáticos. Os resultados do presente estudo indicam as possibilidades da incorporação de Lemna minor dietas suplementares de *Channa Striatus*, substituindo a dieta convencional até ao nível de 50%. A dieta (50% de AW) teve significância diferente ao nível da taxa de crescimento específico e da percentagem de ganho de peso vivo. Apesar do crescimento inferior dos peixes, o presente estudo indica a possibilidade da incorporação de Lemna minor em dietas práticas (viz, intestino de galinha, farinha de peixe, resíduos de lula, resíduos de cabeça de camarão) para alevins de *C.Stiatus*, substituindo a dieta convencional até ao nível de 50%.(Jesu Arockia Raj *et al2001*).

Alimentos para aves de capoeira

Dependendo da literatura, são registados diferentes rendimentos de Lemna minor. Em condições ideais, foram registados rendimentos até 73 toneladas de matéria seca por hectare e por ano. A erva-de-pato comum tem um elevado teor de proteínas, que varia de 20 a 40%, dependendo da estação do ano, do teor de nutrientes da água e das condições ambientais. o se acumula muito complexo da água e das condições ambientais. O baixo teor de fibras é inferior a 5%. Basicamente, todos os seus tecidos podem ser utilizados como forragem para peixes e aves de capoeira e fazem da lentilha de água um suplemento alimentar interessante. (Ahammad et *al2003*). Investigações experimentais mostraram que a Lemna minor capaz de substituir e acrescentar completamente a soja na dieta dos patos. Pode ser cultivada diretamente na exploração agrícola, o que resulta em baixos custos de produção.

Por conseguinte, a utilização da lentilha-d'água comum como

suplemento alimentar nas dietas dos frangos é muito rentável também de um ponto de vista económico. Uma investigação mostrou que os caros bolos de óleo de sésamo nas dietas dos frangos podiam ser parcialmente substituídos por Lemna minor barata, com um aumento do desempenho de crescimento dos frangos. No entanto, devido a um teor mais baixo de proteínas digeríveis na Lemna minor (68,9%) em comparação com (89,9%) no bolo de óleo de sésamo, a lentilha-d'água comum só podia ser utilizada como suplemento alimentar nas dietas dos frangos. Além disso, ao alimentar galinhas deitadas parcialmente com Lemna minor seca até 150g/kg de forragem, as galinhas apresentaram o mesmo desempenho que quando alimentadas com farinha de peixe e polimento de arroz, enquanto a cor da gema foi positivamente afetada pela dieta de lentilha de água.

Alimentação do gado

Devido ao seu elevado teor de proteínas, a lentilha-de-pato tem potencial como ingrediente alimentar. A biomassa da lentilha-d'água pode ser utilizada como fonte alimentar de reservas proteicas para o gado. Cada espécie de Lemna tem uma variedade de conteúdos nutricionais e anti-nutricionais e é largamente determinada pelo crescimento in vitro. O uso potencial de ingredientes de ração de lentilha d'água (*Lemna minor*) é apoiado pelo conteúdo de proteína que varia de 22,44% de fibra bruta 10,16% (Sasmaz *et al* 2015) e sua energia metabólica atinge 2342 k.cal.kg de matéria seca de aminoácidos, especialmente lisina atingiu 6,9g em 100g de metionina 1,4% e histidina 2,7% (Tanuwiria *et* al2011) e rico em minerais e vitaminas (Saygideger *et* al2015).Com base no resultado desta investigação, *a* combinação de lentilha de água com concentrado resultou em níveis de suplemento que melhoraram significativamente o perfil hematológico e antioxidante, pelo que concluímos que a lentilha de água fresca ou seca pode ser utilizada para melhorar o desempenho das vacas leiteiras na produção de leite (Sasmaz e Saygideger *et al* 2015). Devido ao seu baixo teor de celulose, cerca de 10%, em comparação com as plantas terrestres, o processo de conversão do amido em etanol é relativamente fácil: cultivada em água diluída de lagoa de suínos, a Lemna minor acumula 10,6% de amido do peso seco total. Em condições ideais em termos de disponibilidade de fosfato, nitrato e açúcar e de PH ótimo, a proporção de amido em relação ao peso seco total é ligeiramente superior (12,5%), suprimindo a atividade fotossintética da Lemna minor ao cultivá-la no escuro e a adição de glucose aumenta ainda mais a acumulação de amido até 36% (Zhang etal2012). Após a colheita, a hidrólise enzimática liberta até 96,2% da glucose ligada ao amido (Zhang *et al2015*). O rendimento de etanol por peso seco no processo de fermentação subsequente depende do teor de glucose e da disponibilidade de nutrientes meio de crescimento, mas pode ser comparado com culturas de etanol como Miscanthus e Giant reed (Zhang *et al* 2015, Siva Kumar *et al* 2011).

Os biocombustíveis da primeira e da segunda geração, o etanol e o biodiesel produzidos a partir de óleos vegetais, são atualmente objeto de um amplo estudo (Masilkov *et* al2016, Zysinet *al2002*). Uma nova direção é o biocombustível de microalgas fotossintéticas de terceira geração, com base na obtenção de biocombustíveis. Estas utilizam a energia luminosa para absorver o dióxido de carbono do ar e produzir compostos orgânicos. As microalgas são muito pouco numerosas, apenas 1, 2 e 3,

-10mm de diâmetro e são capazes de produzir um grande número de gorduras no interior da célula, que são os lípidos. Estes lípidos possuem uma longa cadeia de carbono. Podem ser subtraídos e reciclados em combustível. As condições para a síntese de alta velocidade de microalgas são estudadas nos trabalhos. (Slugin *et al2018*), (Smyatskaya *et al* (2017). O biocombustível a partir de lentilha-d'água, que é cultivada livremente em muitas regiões do país em quantidade suficiente, possivelmente trará à luz um novo fluxo de geração de biocombustível. Propõem a utilização de fracções lipídicas de lentilha-d'água seca biomassa para a produção de biodiesel. Neste estudo, estudou-se o efeito de vários resíduos biológicos de animais na produção de biomassa da lentilha-d'água comum *Lemna minor*.

Neste estudo, foram preparados diferentes meios de bio-resíduos animais para a cultura da lentilha d'água Lemna minor. É muito útil para a cultura da lentilha-d'água comum. Neste trabalho, foram combinadas seis experiências, cinco das quais se referiam principalmente à cultura da lentilha-d'água comum com a ajuda de vários grupos de animais domésticos e, em seguida, foi estudada a aceitação da alimentação.

Nomes comuns:

Árabe - Adas Almay,Chinês- Qing ping,Inglês- Lentilha, Francês- Lenticule

,ineure,**Alemão** -Kleine wasserlinse,**Espanhol** - Lentejasda agua,**Sueco** - Mat

Placa:*1Lemnaminor* (curtesy net sources)

Placa-2 Erva-dos-patos *Lemna minor* (curtesy net sources)

Distribuição África (Argélia, Egito, Líbia, Marrocos, Tunísia, Quénia, Uganda, Sudão e África do Sul), Ásia (Irão, Palestina, Jordânia, Líbano, Síria, Iraque, Turquia, , China, Índia, Nepal e Paquistão)Paquistão)Europa (Dinamarca, Noruega, Suécia, Reino Unido, República Checa, Alemanha, Bélgica, Polónia, Eslováquia, Hungria, Irlanda, Finlândia, Áustria, ria, Itália, Montenegro, Bósnia,

França, Portugal, Espanha, Itália, Montenegro, Roménia, França, França, Espanha, Portugal, Grécia, Bélgica) na América do Norte Estados Unidos, Canadá.

Descrição

É uma planta aquática flutuante constituída por um único talo oval ou oval-obovado, com cerca de 2-5 mm de comprimento e textura ligeiramente suculenta e marglins lisos. A superfície superior do talo é verde médio e ligeiramente convexa ao longo de uma ligeira crista longitudinal, a superfície inferior do talo é verde claro e plana. Ambas as superfícies são gloriosas. Uma única raiz com cerca de 2 cm de comprimento desenvolve-se perto do centro da superfície inferior do talo. A radícula é delgada e branca com uma ponta que é geralmente obtusa. Na base da radícula existe uma bainha curta e cilíndrica. Em raras ocasiões, é produzida uma única flor minúscula com cerca de 1 mm de diâmetro.

As flores são constituídas por uma escama membranosa em forma de taça, um único pistilo e dois outros. As flores são substituídas por um único fruto de 1 mm de comprimento ou um pouco menos, que contém uma única semente com nervuras. No entanto, esta planta reproduz-se principalmente por um processo de brotamento a partir de duas bolsas reprodutivas laterais. Os rebentos deste processo de brotamento são geneticamente idênticos à planta-mãe. Um rebento está ligado à planta-mãe através de um estipe branco e macio proveniente do abrolhamento. Durante o tempo mais frio do outono, são produzidos pequenos botões de amido chamados turiões que se afundam no fundo da massa de água. Este estado de dormência continua até os turiões subirem à superfície da água e o processo de crescimento recomeçar.

Composição bioquímica

A lentilha-d'água era uma fonte rica. (I)Aminoácidos essenciais - (39,20%), (ii)Aminoácidos não essenciais aminoácidos não essenciais - (53,64%), (iii) genéticos não proteicos - (7,13%) O ácido gordo ácidos ácidos gordos foi dominada **(i)** Ácido gordo-(60-63%), **(ii)** Ácido linolénico-(41- 47%), **(iii)** Ácido linoleico (17-18%) **(**Rina Chakrabarti *et al* (2018**)**

Na primeira experiência, misturaram-se vários resíduos biológicos animais com água destilada e introduziu-se a lentilha d'água na cultura, após o que se estudou a produção de biomassa. Da segunda à quinta experiência, foram adicionados vários resíduos animais ralados em água destilada para a cultura da lentilha-d'água. No final da experiência, foi estudada a produção de biomassa da lentilha d'água. Na sexta experiência, a lentilha-d'água, o bagaço de oleaginosas moídas e o farelo de arroz foram pulverizados e bem misturados, tendo sido depois adicionado um nível mínimo de água. Esta mistura foi colocada num peletizador e, em seguida, foi feita uma pelota, que foi seca à sombra e depois armazenada num recipiente de plástico, após o que toda esta pelota foi dada a vários grupos de animais domésticos e foi registada a aceitação alimentar destes animais.

No estudo, foram utilizados vários resíduos biológicos de animais domésticos para cultivar a lentilha d'água. Entre estas experiências, foram realizadas cinco experiências de cultura de lentilha de água e uma experiência de preparação de alimentos à base de lentilha de água para animais domésticos, que foi testada.

Experiência I: Os vários resíduos biológicos animais influenciam a produção de biomassa da lentilha d'água Lemna minor. Tabela: 1 Mostra a tabela um, explica o peso final, o ganho de peso e o crescimento médio diário da lentilha d'água influenciado por vários resíduos biológicos animais. No estudo de presença, a produção máxima de biomassa foi observada no tratamento com resíduos de estrume de vaca (416 g), a segunda produção máxima foi observada no tratamento com resíduos de aves de capoeira (410 g) e a terceira produção máxima foi observada no tratamento com resíduos de cabra e a menor produção foi observada no tratamento com resíduos de coelho. O tratamento de controlo tem uma gama de produção ligeiramente mais elevada em comparação com os resíduos de coelho e o estrume de vaca tem uma gama de produção de biomassa mais ou menos semelhante e também uma produção de biomassa mais elevada em comparação com os outros tratamentos.

Experiência II: Mostra a cultura de lentilha de água utilizando níveis graduais de de estrume de vaca. A Tabela 2 mostra o peso final, o ganho de peso e o crescimento médio diário de Lemna minor influenciado por níveis graduais de resíduos de estrume de vaca. No estudo, a produção máxima de biomassa foi produzida no tratamento com 3 g de estrume de vaca. A produção de biomassa aumentou lentamente do controlo para o tratamento com 3 g de bio-resíduos. A adição de mais estrume de vaca aumentou lentamente o crescimento da lentilha d'água, pelo que o estrume de vaca influenciou positivamente o crescimento da lentilha d'água.

Experiência III: A terceira experiência trata principalmente da influência do nível gradual de bio-resíduos de cabra na produção de biomassa da lentilha d'água. A Tabela:3 mostra o peso final, o ganho de peso e o crescimento médio diário da lentilha d'água em função do nível gradual de bio-resíduos de cabra. A produção de biomassa da lentilha d'água aumentou lentamente do controlo para o tratamento com 2 g de bio-resíduos, tendo depois diminuído lentamente. O peso máximo de produção de biomassa, o ganho de peso e o crescimento médio diário foram observados no tratamento com 2 g de bio-resíduos. Em seguida, todos parâmetros de crescimento diminuíram, pelo que o tratamento com 2 g para 100 ml de água constituiu um limite saturado para a produção máxima de lentilha-d'água. Os seis tratamentos com 2,5 g e 7 g (3 g) tiveram uma influência mais ou menos igual na taxa de crescimento da lentilha-d'água. Após o limite saturado, os resíduos de cabra influenciaram negativamente a taxa de crescimento da lentilha d'água.

Experiência IV: A experiência 4 trata da influência do nível gradual de resíduos de aves de capoeira na produção de biomassa da lentilha d'água. A Tabela 4 mostra o peso final, o ganho de peso e a média de crescimento da lentilha d'água com níveis graduais de resíduos de aves de capoeira. No estudo, a produção de biomassa de Lemna minor aumentou do controlo para o tratamento com 2,5 g de biomassa. Depois , diminuiu lentamente. Assim, este limite saturado é de 100 ml de água. A menor produção de biomassa observada no tratamento de controlo foi mais ou menos semelhante à produção de biomassa.

Experiência V: Na quinta experiência, trata-se da influência da graduação dos bio-resíduos de coelho na produção de biomassa da lentilha d'água: 5 mostra o peso da produção de biomassa, o ganho de peso, a média diária influência do crescimento dos bio-resíduos de coelho. No estudo, a produção máxima de biomassa foi observada no tratamento de controlo. Todos os tratamentos têm uma produção de biomassa inferior à do tratamento de controlo e, com base na experiência, conclui-se que os bio-resíduos de coelho não são adequados para a lentilha d'água.

Experiência VI: Na sexta experiência, foi preparado um granulado suplementar comum à base de lentilha de água, que foi dado a vários animais domésticos. Neste caso, os peixes, as galinhas, as cabras, os coelhos e as vacas mostraram-se muito interessados em aceitar estes granulados, pelo que estes alimentos foram utilizados como suplemento alimentar para todos os animais domésticos. A fotografia mostra que os alimentos foram aceites e consumidos por vários animais domésticos. A ração foi produzida a um custo menor e aumentou o lucro para os pequenos produtores. Esta ração à base de lentilha de água é ecológica e está disponível universalmente em todas as zonas rurais.

Experiência VII No seu estudo, a erva foi recolhida, lavada e cortada em pequenos pedaços e seca à sombra. Recolher amostras das plantas secas. Cada amostra tem cerca de 5 gm com 10 ml de qualquer um dos solventes, como água, etanol, clorofórmio e álcool isopropílico. Misturam-se separadamente e trituram-se bem. Finalmente, estes materiais foram filtrados com a ajuda de algodão. Estes extractos foram colocados em discos de papel separadamente e em quantidades diferentes. O disco foi colocado em cultura de Aeromonas e a zona de inibição foi registada.

Tabela: 1 Vários efeitos de bio-resíduos animais na produção de biomassa de *Lemna Minor*

N	Resíduos biológicos de todos os animais	1	2	3	4	5	controlo
1	Peso inicial do L.minor (mg)	100	100	100	100	100	100
2	Peso final (mg)	416	370	410	110	400	200
3	Duração da experiência dias	8	8	8	8	8	8
4	Ganho de peso (mg)	-316	-270	-310	-10	-300	-100
5	Crescimento médio diário (mg)	-39.5	-33.75	-38.75	-1.25	-37.5	-12.5
6	Resíduos biológicos animais 1(mg)	Estero de vaca	Resíduos de caprinos	Resíduos de pintos	Resíduos de coelhos	Resíduos de pardais	0
7	Água inicial (ml)	100	100	100	100	100	100
8	Nível final da água	98	99	99	99	99	99

Quadro: 2 Efeitos dos bio-resíduos de estrume de vaca na produção de biomassa da erva-de-pato Lemna Minor.

	Esterco de vaca	**1**	**2**	**3**	**4**	**5**	**6**	**Controlo**
•	Peso inicial de *L. minor* (mg)	50	50	50	50	50	50	50
•	Peso final (mg)	220	240	240	280	310	380	200
•	Duração dos dias experimentais	8	8	8	8	8	8	8
•	Ganho de peso (mg)	-170	-190	-190	-230	-260	-330	-150
•	Média diária crescimento	-21.25	-23.75	-23.75	-28.75	-32.5	-41.25	-18.75
•	Resíduos biológicos animais (vaca) (gm)	0.5	1	1.5	2.0	2.5	3.0	0
•	Nível inicial de água (ml)	100	100	100	100	100	100	100
•	Água final (ml)	99	99	99	99	99	99	99

Tabela: 3 Efeitos dos bio-resíduos de caprinos na produção de biomassa da erva-de-pato Lemna Minor.

	Resíduos de caprinos	**1**	**2**	**3**	**4**	**5**	**6**	**Controlo**
•	Peso inicial de L. Minor (mg)	100	100	100	100	100	100	100
•	Peso final (mg)	590	620	650	660	630	640	210
•	Duração dos dias experimentais	12	12	12	12	12	12	12
•	Ganho de peso (mg)	-490	-520	-550	-560	-530	-540	-110
•	Crescimento médio diário (mg)	-40.833	-43.33	-45.83	-46.66	-44.16	-45	-18.33
•	Resíduos biológicos animais (caprinos) (gm)	0.5	1	1.5	2	2.5	3	0
•	Nível inicial de água (ml)	100	100	100	100	100	100	100
•	Nível final de água (ml)	99	98	99	99	99	99	99

Tabela: 4 Efeitos dos bio-resíduos de aves de capoeira na produção de biomassa de *Lemna Minor*, uma erva daninha dos patos.

№	Resíduos de aves de capoeira	1	2	3	4	5	6
1.	Peso inicial de L minor (mg)	50	50	50	50	50	50
2.	Peso final (mg)	543	551	560	565	570	562
3.	Duração do dias experimentais	8	8	8	8	8	8
4.	Ganho de peso (mg)	-493	-501	-510	-515	-520	-512
5.	Crescimento médio diário (mg)	-61.625	-62.625	-63.75	-64.375	-65	-64
6.	Animal bio-resíduos (aves de capoeira) (gm)	0.5	1	1.5	2	2.5	3.0
7.	Nível inicial de água (ml)	100	100	100	100	100	100
8.	Nível final de água (ml)	98	99	99	99	99	99

Tabela: 5. Efeitos dos bio-resíduos de pardais na produção de biomassa da erva-de-pato Lemna Minor.

	Resíduos de pardais	**1**	**2**	**3**	**4**	**5**	**6**
•	Peso inicial de *L. menor* (mg)	50	50	50	50	50	50
•	Peso final (mg)	10 2	101	103	10 4	104	101
•	Duração dos dias experimentais	8	8	8	8	8	8
•	Ganho de peso (mg)	- 52	-51	-53	-54	-54	-51
•	Crescimento médio diário (mg)	- 6.5	- 6.375	- 6.625	- 6.75	- 6.75	- 6.37
•	Resíduos biológicos animais (coelho) (gm)	0.5	1	1.5	2	2.5	3.0
•	Nível inicial de água (ml)	10 0	100	100	10 0	100	100
•	Nível final da água (ml)	98	96	98	96	96	96

Tabela 6: Influência dos extractos de ervas daninhas de pato na formação da Zona de Inibição contra a cultura de *Aeromonas hydrophila*

Nome da erva Pato Erva daninha *Lemna Minor*	Solventes				
	Extractos Quantidade (µl)	Etanol	Clorofórmio	Álcool isopropílico	Água
	Zona de inibição (mm) (valor médio).				
Erva-dos-patos	5	9	12	--	--
Erva-dos-patos	10	11	14	6	--
Erva-dos-patos	15	11	18	7	---
Erva-dos-patos	20	12	20	7	---

Prato: 3 Galinha Consumiu ração em pellets à base de lentilha de água.

Placa: 4. Coelho Consumiu ração em pellets à base de lentilha de água

Prato: 5 Cabra Consumiu ração em pellets à base de lentilha de água

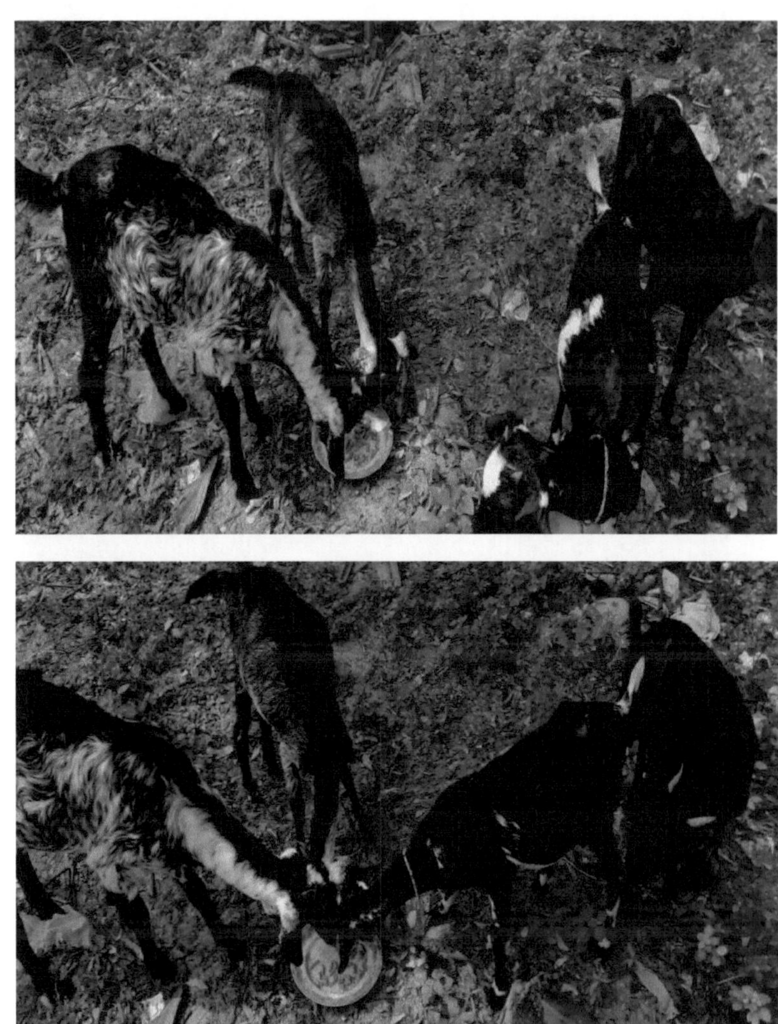

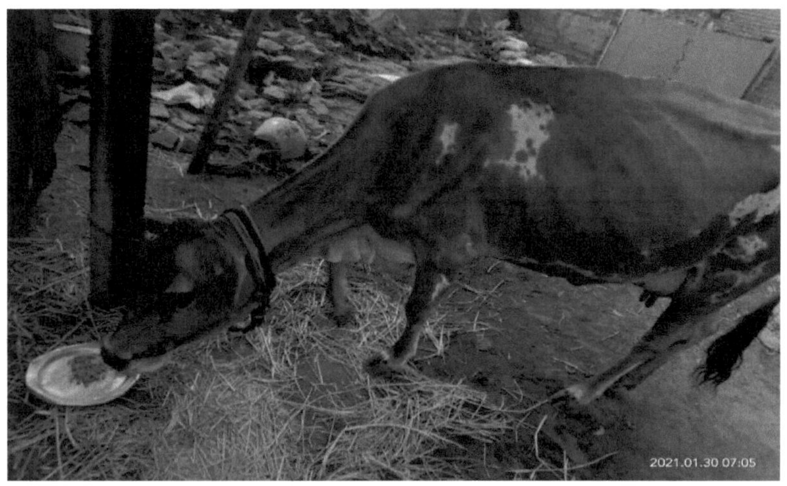

Prato: 6 Vaca Consumiu ração em pellets à base de lentilha de água

A lentilha-d'água divide-se rapidamente em vegetação no verão em lagos frescos com água de valas e cobre a sua superfície com uma cobertura verde contínua que duplica a sua massa em 6 dias. A Lemna minor é uma espécie típica de todas as regiões da Rússia central. Pode produzir 200 toneladas de biomassa num hectare durante uma estação, com várias colheitas. No Uzbequistão foram colhidas 276 toneladas num hectare durante 8 meses Anon spirulina &Duckweed O cultivo dirigido para obter componentes valiosos nos tecidos de Lemna minor. A lentilha-de-pato acumula nas suas folhas flavonóides, triterpenóides, taninos, vitaminas B1, B2 e C, esteróides, ácidos gordos insaturados, incluindo ómega 3, o que dá origem às suas propriedades medicinais e à sua vasta aplicação na medicina (Khellaf. e Zerdaoui. 2010). Alguns extractos de ervas marinhas têm uma potencial atividade antibacteriana. Porque produzem metabolitos secundários. Que actuam como compostos bioactivos. (Ahamed *et al.*,1993). Tem sido extensivamente documentada.

(Faulkner,1993., Scheker,1987) Há menos relatórios documentados em ervas daninhas de água doce. Neste estudo, para verificar a atividade antibacteriana, foi utilizada a Aeromonas hydrophila. Esta bactéria é a mais comum em todo o mundo. Causa doenças em peixes cultivados e em peixes selvagens. Está associada à podridão das barbatanas, à podridão da cauda e a condições hemorrágicas. Na *Lemna*, espera-se que o extrato de água todos os outros extractos de solvente tenham muito boa atividade antibacteriana. A atividade máxima foi observada nos extractos de clorofórmio e etanol. tratamento. O álcool isopropílico tem uma atividade menor em comparação com os outros tratamentos.

Muitos relatórios têm demonstrado que a lentilha d'água tem um efeito significativo nos animais. A lentilha-d'água tem um teor de proteínas de até 45% em peso seco. Por isso, é utilizada como alimento para o gado. (Herbal-supplementresource.com) Como galinhas poedeiras, frangos de carne, ruminantes, especialmente vacas, para aumentar a produção de leite (Ujang hidayat Tanuwiria&Imustawrria 2020) A biomassa de lentilha de água com elevado teor de proteínas pode ser utilizada fonte alimentar de reservatórios de proteínas para o gado. Cada espécie de Lemna minor tem uma variedade de caraterísticas nutricionais e anti-nutricionais determinadas pelo crescimento invitro (Pearle et al, 2013, Geburt et al, 2015)

A aquicultura é uma importante fonte alternativa de produção de proteínas na população crescente nos países em desenvolvimento. As formas de peixe em pequena escala ou as formas integradas aumentam o emprego próprio e melhoram o estatuto económico da população rural. As formas de peixe em pequena escala requerem um baixo investimento e mão de obra que muitas pessoas fazem como trabalho a tempo parcial na área rural. Nas aldeias há muitos subprodutos agrícolas disponíveis a baixo custo.

Estes ingredientes de baixo custo são os melhores para a produção de alimentos para animais, ajudando a aumentar o lucro dos piscicultores. A alimentação tem um custo importante em todas as operações de aquacultura e criação de animais. Se reduzir o custo com ajuda de alimentação suplementar, produzirá mais lucro para os pequenos agricultores, muitos ingredientes de baixo custo, mas bons, disponíveis no mercado, muitos resíduos biológicos são adequados para serem utilizados como ingredientes na alimentação dos peixes e, por vezes, também serão utilizados diretamente como preparação de taxas suplementares, primeiro recolhendo os ingredientes e estudando os valores bioquímicos com base na natureza proteica dos ingredientes, o nível adequado será misturado e a alimentação será preparada.

As plantas aquáticas infestantes são utilizadas como alimento suplementar para peixes herbívoros e omnívoros. Ao recolher uma planta aquática adequada, esta será fornecida como alimento suplementar, o que leva a uma redução dos custos de alimentação das operações de cultura de peixes. As plantas fornecem vitaminas, minerais e fibras aos peixes. Também produzem boa imunidade e crescimento para os peixes. As plantas aquáticas importantes utilizadas são Azolla, Lemna, Pistea, Icornia, Hydrilla, etc., e as plantas infestantes terrestres também são utilizadas como alimento suplementar. São utilizadas em condições naturais ou secas e em pó, que são misturadas durante a preparação de rações suplementares artificiais. (Muruganandam, 2019).

Para além da alimentação regular em pellets, fontes de proteínas frescas para preparar alimentação suplementar. Se aumentar a taxa de crescimento da população de peixes de cultura e levar a obter mais lucro, muitos resíduos biológicos de animais e plantas são fontes baratas de proteína. (Muruganandam, 2019**)**. A erva daninha de pato (espécie Lemna) é um alimento vegetativo altamente nutritivo para a carpa herbívora devido à sua tenrura e elevado teor de proteínas (Shireman e Smith, 1983**)**. O teor de proteínas da *L. polyrhiza* foi estimado em 18,72% **(**Das e Ray, 1989**)**. A humidade 92,62%, lípidos 4,6%, cinzas 20,7%, fibra bruta 10,8%, NFE 36,6%, energia da erva 3,11kcal/g (Ray e Das,1994).

A incorporação da lentilha de água na ração em pellets não afecta negativamente o crescimento dos peixes. É, portanto, viável incorporar a lentilha seca como um dos componentes da dieta suplementar para carpa (Das e Ray, 1989). A digestibilidade dos hidratos de carbono totais foi maior na dieta com lentilha incorporada (82,0%), enquanto a dieta convencional registou uma maior digestibilidade das proteínas e dos lípidos.

Os valores do coeficiente de digestibilidade das proteínas, dos lípidos e dos hidratos de carbono totais da lentilha seca incorporada foram mais elevados do que os obtidos na carpa herbívora para as ervas aquáticas (Hajra e Tripathi, 1985; Hajra, 1987).

A lentilha-d'água Lemna, como erva aquática, não é suficientemente utilizada no nosso país. Se for usada corretamente, podemos reduzir o custo da alimentação para a cultura de peixes e outras operações de criação de animais. (Muruganandam, 2005). Na maior parte dos casos, a lentilha d'água é utilizada como alimento suplementar para a cultura de tilápia. O alimento suplementar é um alimento adicional para além do programa normal de alimentação. Mas reduz as despesas totais alimentação, o nível de consumo regular de ração, aumenta a taxa de crescimento, a sobrevivência e a imunidade dos peixes durante a cultura. Os ingredientes dos alimentos suplementares são de baixo custo, normalmente disponíveis e a metodologia de preparação dos alimentos é fácil. O custo de produção também é baixo, mas ajuda a aumentar os lucros dos piscicultores. (Jehu Arockia raj *et al2001* relataram que a erva aquática Lemna minor pode ser utilizada por alevins canal striatus em pellets quando incorporada numa ração convencional comparativamente bom crescimento e conversão alimentar foi obtida em peixes alimentados com 50% de peso médio e a conversão diminuiu em peixes alimentados com níveis mais elevados de peso médio na dieta corporativa. Cultivo *de Lemna minor* para produção de biomassa como fonte de bioetanol e obtenção. Estes ciclos tecnológicos são de amido que está contido na lentilha d'água (Xuj, zhaohet *al*, 2012).

As lentilhas de água são de interesse como potenciais biofábricas para a produção de proteínas fundidas. Tais como proteínas de vacinas, albumina sérica, hemoglobina, colagénio, etc. (Gaidykova *et al,* 2008 ,Chhabra et al,(2011)*Lemna minor* era usada tradicionalmente como antipruriginosa, antiescorbútica, adstringente, depurativa, diurética, febrífuga e purificadora. Era também utilizado no tratamento de constipações, sarampo e edemas e irritações difíceis. Continha hidratos de carbono, proteínas, lípidos, flavonóides, oligoelementos e muitos outros conteúdos. Os estudos farmacológicos revelaram que possuía um efeito antimicrobiano, antioxidante, citotóxico e imunomodulador (Aliesmail Al Snafi 2019)

A lentilha-d'água, juntamente com outras plantas aquáticas superiores, é ativamente utilizada para tecnologias de purificação de águas residuais (Hoseinizadeh *et al*, 2011) e Simonenko *et al* (2015). Além disso, pode ser feita uma transformação genética da lentilha-d'água para aumentar a sua estabilidade aos poluentes, por exemplo, metais pesados (Gaidykova *et al*, 2008, Chhabra.*et al2011*). melhorar a eficiência da purificação da água, foi implementado um campo magnético adicional tratamento . Este tratamento dá melhores resultados (Kuznetosova *et* al2019). No nosso presente estudo, foram estudados vários efeitos de bio-resíduos animais na produção de biomassa de erva-de-pato. Os resíduos de aves de capoeira com estrume de vaca aumentam o crescimento da lentilha d'água Lemna minor. A segunda maior produção de lentilha d'água foi observada nos tratamentos com resíduos de cabra.

Os resíduos de coelho não eram adequados para a cultura da lentilha d'água. No tratamento com estrume de vaca, o tratamento 3g produziu uma maior produção de biomassa. Se se aumentar o estrume de vaca no meio, a produção de biomassa aumenta lentamente. Mas no tratamento de resíduos de aves de capoeira, o tratamento de 2,5 g e o tratamento de resíduos de caprinos, 2,5 g, produzem uma maior produção de biomassa. A alimentação à base de lentilha de água foi aceite por todos os animais domésticos. Ajuda a reduzir o custo da alimentação e aumenta o lucro dos pequenos criadores nas zonas rurais. Porque a alimentação constitui a principal competência em todas as operações de cultura comercial.

Conclusão

A Lemna minor é uma planta aquática flutuante de água doce, também designada por lentilha-d'água comum. A Lemna *minor* é utilizada como forragem para animais, bioremediação para recuperação de nutrientes de águas residuais e outras aplicações. *A Lemna minor* está presente em todos os locais onde existe água doce, exceto nos climas ártico e subártico. A análise dos nutrientes mostrou que a Lemna minor continha proteína bruta 16-45%, gordura 4,4-4,0%, ácido p-cumárico 0,015%, fibra 8-10%, cinzas 4-5% e carotenóides. A lentilha-d'água era uma fonte rica de aminoácidos essenciais (39,20%), não essenciais (53,64%) e não proteicos (7,13%). A planta daninha foi utilizada como antipruriginosa, antiescorbútica, adstringente, diurética depurativa, febrífuga e soporífica. Era também utilizada no tratamento de constipações, edema das refeições e dificuldade em urinar. Além disso, era utilizado no tratamento de inflamações podagrais e das vias respiratórias superiores, no tratamento de reumatismo, doenças do fígado e da tiroide. Neste estudo, foi preparado um meio de cultura de lentilha d'água de diferentes animais para a cultura de lentilha *d'água menor*. É muito útil para a cultura da lentilha d'água comum. Neste trabalho, foram concluídas seis experiências. Entre estas experiências, cinco tratavam principalmente da cultura da lentilha d'água comum com a ajuda de vários bio-resíduos animais. Na sexta experiência, foram preparadas rações em pellets à base de lentilha d'água, que foram dadas a vários grupos de animais domésticos e, em seguida, foi estudada a aceitação da ração. No estudo de presença, a produção máxima de biomassa foi observada no tratamento de resíduos de estrume de vaca (416gm) e, na terceira gama, a produção máxima de resíduos de cabra e a menor produção foi observada no tratamento de resíduos de coelho. Os tratamentos com estrume de vaca e resíduos de aves de capoeira têm uma produção de biomassa mais ou menos semelhante e também uma produção de biomassa mais elevada em comparação com os outros tratamentos. Na última experiência, foi preparado um suplemento peletizado comum à base de lentilha de água, que foi dado a peixes, galinhas, cabras, coelhos e vacas, que se mostraram muito interessados em aceitar este alimento peletizado, pelo que este foi utilizado como alimento suplementar para todos os animais domésticos. A fotografia mostra a aceitação e a conceção da alimentação de vários animais domésticos. Esta ração produziu menos custos de alimentação e aumentou os lucros dos pequenos agricultores. Nesta última experiência, foram estudadas as propriedades antibacterianas dos extractos de lentilha de água. A lentilha de água foi recolhida no rio Tambiraparani, distrito de Tirunelveli, Tamil Nadu. Os extractos foram preparados com diferentes solventes. Foram testados contra vários agentes patogénicos bacterianos *Aeromonas hydrophila*. A zona máxima de inibição foi observada nos extractos de clorofórmio e a segunda atividade máxima foi observada nos extractos etanólicos. Este resultado indica que os extractos etanólicos e clorofórmicos dissolvem compostos bioactivos em as folhas de pato que têm uma atividade antibacteriana muito boa.

Bibliografia

1. KlausJ:NikolaiB; EricL(2013) "Contar lentilha-d'água : tecnologias de genotipagem para as lemnaceae.

2. Lista BSBI (2007) Sociedade Botânica da Grã-Bretanha e Irlanda. Archived from the original (xis) on 2015-01-25 retrieved 2014-10-
17. Saltar para "Lemna minor" Conservação dos recursos naturais

base de dados PLANTS do serviço. USDA recuperado em 24 de janeiro (2016).

3. Saltar para "Lemna minor" base de dados PLANTS do serviço de conservação de recursos naturais.USDA recuperado em 24 de janeiro (2016). Jump up to leng (1995) duckweed; potential high- protein feed resource for domestic animals and fish livestock research for rural development 7.

4. Zhao PX, Moates GK, Wellner N, Collins SRA, Coleman MJ e Waldron KW. Caracterização química e análise dos polissacáridos da parede celular da lentilha d'água Lemna minor hidratos de carbono e análise dos polímeros da parede celular (2014)

5.

Yilmaz E,Ihsan e Gunal G. Utilização da lentilha de água Lemna minor alimento proteico em dietas práticas para alevins de carpa comum, *cyprinus carpio*. Jornal turco de pescas e ciências aquáticas (2004)

6. Vladimirova IN e Georgiyiants VA. Compostos biologicamente activos de Lemna minor S.F. Gray pharmaceutical chemistry journal (2014). Leng RA duck weed uma pequena planta aquática com enorme potencial para a agricultura e o ambiente (1999). http://www.fao.org\ag\againfol resources\decument\dw\de2. Htm.

7. Chakrabartil R, Clark WD, Sharma JG, Goswami RK, Shrivastav AK e Tocher DR. Produção em massa de Lemna minor e seus perfis de aminoácidos e ácidos gordos, front chem(2018).

8. Maciejewska-potapczyk W, Konopska L,and olechnowicz k. protein in duckweed (Lemna minor) Biochemical and physiologie der flanzen(1975). Maciejewska-potapczykowa W e Narzymska

E. Proteína na lentilha-d'água (Lemna minor) Ata societatis botanicorum poloniae.

9. Politaeva NA, Smyatskaya YA, Toumi A e Trykhina E. Lipid fraction obtained from duckweed *Lemna minor*, International journal of civil engineering and technology (2018).

10. Vladimirova IN e Geogiyants VA. Composto biologicamente ativo de *Lemnaminor* S.F Gary pharmaceutical chemistry journal 2014.

Zhuang X. Lemna a lista vermelha de espécies ameaçadas da IUCN 2017. Ervas medicinais, *lentilha d'água, Lemna minor* http://www. Rede de ervas medicinais naturais \herbs Lemna minor, lentilha d'água. Doutoramento.

11. Tikhonov AI . Resumo da tese de doutoramento em ciências farmacêuticas. Moscovo (1967).Makhlayuk VP. Plantas medicinais na medicina popular. Niva rossii, Moscovo (1992).

12. Almahy Dafalla HA. Atividade antibacteriana dos extractos metanólicos das folhas de Lemna minor contra oito espécies bacterianas diferentes revista internacional de produtos farmacêuticos (2015).

13. Gulcin I, KirecciE, Akkemik E, Topal e Hisar O, Antioxidant, Antibacterial and anticandidal activities of an aquatic plant duckweed Lemna minor L. lemnaceae tunk J boil (2010).

14. Tan LP, Hamdan RH, Mohamed M. Choongss chan YY e Lee SH. Atividade antibacteriana e toxicidade da lentilha d'água. Lemna minor (Arales: Lemnaceae) da Malásia, jornal malaio de microbiologia (2018).

15. Mesmar MN e Abussaud M. A atividade antibiótica de alguns extractos de algas de plantas aquáticas da Jordânia. Quatar univsci J (1991).

16. Mane Vs Gupta A, Pendharkar N e Shinde B, Exploração de metabolitos primários de Lemna minor e determinação da sua atividade imunomodutora e

antimicrobiana. Eur j pharmed Res (2017).

17. Popov SV, Ovodova RG e Ovodov YS efeito de lemman, pectina de Lemna minor e seus fragmentos na reação inflamatória. Phototherapy Res (2006).

18. Sharma SS, Gupta A, Mane Vs shinde B, atividade imunofarmacológica de flavonóides de Lemna minor duckweed e determinou a sua atividade imunológica atual ciência da vida (2017).

19. Mane Vs, Gupta A, pendharkar N e Shinde B. Exploração de metabolitos primários de Lemna minor e determinação da sua atividade imunomoduladora e antimicrobiana. Eur J PharmedRes (2017).

20. Saltar para leng (1999) Duckweed: Uma planta aquática minúscula com enorme potencial para a agricultura e o ambiente. Lentilha d'água: uma planta aquática minúscula com enorme potencial para a agricultura e o meio ambiente FAO recuperado (2016).

.21. Jump up to skillicomP, spiral wand journey (1993). Duckweed aquaculture a new aquatic farming system for developing countries, the international bank for reconstruction and development the World Bank.

22. Recursos herbais, benefícios e efeitos secundários da lentilha d'água http://herbal-supplement resource.com/duckweed-uses-benefits-side effect-html.

23. Men, BUI xuan;ogle, Brian, lindberg, Jan Erick(2001) "use of duckweed as a protein supplement for growing ducks" Asian, Australian journal of animal science(2001).

24. AkterM, Chowdhury S.D, S.D, AkterY, Khatun M.A (2011) "Effect of duckweed Lemna minor meal in the performance" Bangladesh research publicationsjournal.

25. Saltar para Ge x, Zhang N, Phillips GC, XU J(2012). Cultivo de Lemna minor em águas residuais agrícolas e conversão da biomassa de lentilha de água em tecnologia de bio-recurso de etanol.

26. Ge x: Burner DM Biotechnology journal the bioethanol production from

dedicated energy crops and residues in Arkansas USA. GA tidal herbicides using Lemna minor and vibrio fishery bioassays chemosphere (January 2015).

28. Nika M.C: Ntaiou K; Elytis K, Thomaidi V.S, Galidou G, Kalanlzi O.L; Thomaidis N.S; Stasinokis A.S (15 de julho de 2020) Análise de alvo de amplo escopo de contaminantes emergentes em lixiviados de aterro e avaliação de risco usando metodologia de coeficiente de risco; Journal of hazardous materials.

29. Ensaio n.º:221 Ensaio de inibição do crescimento da espécie Lemna minor Linhas de orientação da OCDE para o ensaio de produtos químicos, secção 2 Publicação da OCDE (2006).

30. Zubkova M, Malikov V, Moldtsov D, Chusov A, Zhazhkov V e Stroganov A (2016). Decisão tecnológica para o uso de energia renovável biogás para consumo de sistemas fora da rede MATEC web of conferences vol 73.

31. OL Shenskaya L.N, Tarushkina YAeN.A.S(2008). Investigação da dinâmica da acumulação de zinco, cobre e cádmio a partir de soluções de elevada concentração por plantas aquáticas superiores (Issledovanie dinamiki nakopleniya ciaka, me med:1kadmiya12) Ekol.1, promystiemnost1, Ross-February 32 -3.

Borovkov VM,Zysin LVe Sergeev.W (2002). Os problemas totais e tecnológicos da utilização de biomassa vegetativa e resíduos orgânicos na engenharia de pó IZV akad nark, Energ.

32. Politaeva N, Smyatskaya Y, Slugin V, Toumi A e Bouabdelli M (2018) Efeito da radiação laser na taxa de cultivo da microbiologia chlorella sorokiniana como fonte de biocombustível Ion conf. ser. Earth environ. Sci.

33. Politaeva N, Kuznetsova T, Smyatskaya Y, Elena T e Ovichinikov F (2017) Impacto de várias exposições físicas no cultivo da microalga chlorella sorokiniana Int APPL.Eng.

34. Vjang hidayal tanuwiria e Imushawwirr (2020). Respostas hematológicas e antioxidantes de vacas leiteiras alimentadas com uma combinação de ração e lemnaminor de

lentilha de pato como mistura para melhorar a biossíntese do leite - biodiversites.vol 21.num:10 páginas 4741 4746

35. Guburt k, Fried rich M, Pfechottom. Gaully M, koning volh. Bu(2015) validade de biomarcadores fisiológicos para vacas de comportamento maternal: Acomparisson of breef and dairy cattle physiol, behave.

36. Pearle,S.C, Galder, N.K.Ross, J.W, Escobar paciente JF, Rhoads. RP, BombardL.H (2013). O efeito do estresse cardíaco e plano de metabolismo nutricional em suínos em crescimento J.Arim sci, 91:2108-2118.

37. Ali Esmail Al-snafi(2019) Lemna minor usos tradicionais, constituintes químicos e efeitos farmacológicos - Uma revisão IOSR, J, UF phal, vol;9 Iss;8 série I, pp-06-11.

38. Jesu Arockia raj, M.M. Muruganandam, K.Marimuthu e M.A Haniffa (2001). Influência da erva aquática *lemna minor* no crescimento e sobrevivência dos alevins chonnatriatos. J Inland. Fish, sc India 33(1)pp: 59-64.

39. Kuznetsove T, N.Politoeva, Y. Smyatikaya, A.Ivenova (2019). Cultivo de Lemna minor para produção de biocombustível IOP. Confer.ser sci and tech confer earth rnviron.sci: 022058

40. Grudzinskaya. I.A.(1982) vol. 6 vida das plantas com flores (Zhin rasteniji) pp. 493-500.

50. Orlova T, Menichuk.A , Klimenko k, Vitvitskaya V, Popovych V, Dunaieva I, Terleev V, Nikonorov A, Togo I kova, mirsctel.w. e Germanor.v(.2017).Reclamation of land flus and dumps of municipal solid waste in a energy efficient waste management system methodology and practise IOP conference series earth and environment science vol:90.

Hose inizaheh G.R.Azar pour E., Mohamed m.k., Ziaeidoustan.H, mraditochaee. M e Bozorgi.H.R(2011).Fitoremediação de metais pesados gestão órgãos vivos de plantas aquáticas lagoa internacional (Irão)world.App.sci.).147.

51. Anon spirulina e lentilha-d'água http:// istina 1888, nerod. Ru/20AA.HTM.

52. Khellaf N. e Zerodaui M(2010). Crescimento, fotossíntese e resposta respiratória ao cobre em *lemna minor:* uma utilização potencial da lentilha d'água na biomonitorização. J.Eviron. Heal. Sci.Eng 7; 299-306.

53. Anon duckweed usa benefícios e efeitos secundários http: www.herbal-supplement resources.com/duckweed-uses benefits side effects.html.

54. Xu J. Zhao H, S tomp A-M e Cheng J.J (2012).A produção de lentilha de água como fonte de biocombustíveis 3.

55. Cui W.

e Cheng J.J (2015). Cultivo de lentilha de água para a produção de biocombustível; Uma planta de revisão ferver 16-23.

56. Gaidykova S.E. Rakitin A.L. Ravin V, Skryabin K.G e Kamionstkaya, A.M,(2008). Desenvolvimento de um sistema de transformação genética de Lemna minor Elko. Genet 20-8.

57. Chhabra G, Chaudhary D, Sainger M e Jaiwal p.k(2011) Genetic transformation of indial isolate of Lemna minor mediated by agrobacterium tumefaction and recovery of transgene plant physiol.mol,bio, plant 17:129-36.

58. Ol Shenskaya L.N Sobgajada N.A e Valiev R.S (2015). Remoção de metais pesados de escoamento contaminado usando adsorvente e ftalosorventes Ekol.i, promyshlennet Ross 19;18-23.

59. Simonenko E. Gomonov A, Relle nand Molodkina L(2015) modding of H2O2 and UV Oxidation of organic pollutants at waste water post treatment vol 117.

60. Muruganandam.M.(2019) farm made supplementary feed development for small scale farmers apresentado nas actas da conferência internacional sobre tendências recentes na conservação e utilização da biodiversidade realizada em 22 de agosto de 2019, organizada pelo Dept. de Zoologia Syed Ammal Arts and Science College, Ramanathapuram.

61. Muruganandam.M.(2005) utilizações de aquáticas aquáticas em gestão da nutrição-nutrição de peixes, Aquatech. Vol 4 Edição: 5, pp: 65-67.

62 Das.I e Ray, A.K.(1989). Desempenho do crescimento da carpa maior indiana. *Labiarohita* (Ham) em ração granulada incorporada com lentilha de água: Um estudo preliminar. J.Inland.fish. soc. Indian 21(1): 1-6.

63. Haijra.A.(1987). Investigações bioquímicas sobre a disponibilidade proteico-calórica na carpa herbívora (*Ctenopharyngodon idella.*vol). De uma erva daninha aquática (*Ceratophyllum demerhum.linn*) nos trópicos aquaculture, 61:113-120.

64 Hajra.A.e Tripathi.S.D.(1985). Valor nutritivo da erva daninha aquática, spirodela polyrhiza (Linn) na carpa. Indian, J, Anim.sci.55 (8):702-705.

65. Ray.A.K e Das.I.(1994). Apparent digestibility of some aquatic macrophytes in Rohu, *Labeo rohita* (Hom) fingerlings J. aquaculture. In the tropics. Nov.pp:335-341.

66. Shireman. J.V e Smith, C.R.(1983). Sinopse de dados biológicos sobre a carpa herbívora. *Ctenopharyngodon ldella* (Cuvier e valentines, 1844). FAO, fish synop, 135:pp.47-50.

67. Muruganandam.M (2006). Atividade antibacteriana de ervas daninhas comuns de água doce. Aqua tech vol:6 Sep-2006 pp 55- 57.

Sobre o autor

O Dr. M. Muruganandam é investigador e publicou mais de cem artigos e este é o 14º livro do autor. É editor, membro do conselho editorial e revisor de muitas revistas nacionais e internacionais. Interessa-se pela investigação de doenças infecciosas e pelo desenvolvimento de vacinas.

Dr. Jose-Luis Diaz Ortega, Instituto Nacional de Pública Health, México, com o Dr. M. Muruganandam no 2º Congresso Global de Bacteriologia e Doenças Infecciosas na Tailândia.

Printed by Books on Demand GmbH, Norderstedt / Germany